EXPÉRIENCES

.SUR

LE SYSTÈME NERVEUX.

Ouvrage du même auteur.

———

RECHERCHES EXPÉRIMENTALES sur les propriétés et les fonctions du système nerveux dans les animaux vertébrés; Paris, Crevot, 1824, 1 vol. in-8., br. 6 fr.

IMPRIMERIE DE LACHEVARDIERE FILS,
RUE DU COLOMBIER, Nº 30, A PARIS.

EXPÉRIENCES

SUR

LE SYSTÈME NERVEUX,

Par P. FLOURENS;

FAISANT SUITE AUX

RECHERCHES EXPÉRIMENTALES

SUR LES PROPRIÉTÉS ET LES FONCTIONS

DU SYSTÈME NERVEUX

DANS LES ANIMAUX VERTÉBRÉS,

DU MÊME AUTEUR.

—❖—

A PARIS,

CHEZ CREVOT, LIBRAIRE-ÉDITEUR,

RUE DE L'ÉCOLE DE MÉDECINE, N° 3,

PRÈS CELLE DE LA HARPE.

1825.

PRÉFACE.

Les Mémoires suivans ont été lus à l'Académie royale des sciences, durant le cours de l'année dernière.

Le premier, sur l'*Encéphale des poissons*, est une continuation des Recherches que j'ai déjà publiées sur les propriétés et les fonctions du système nerveux, dans les animaux vertébrés.

On sait combien la détermination des diverses parties qui constituent le cerveau des poissons est difficile et compliquée par elle-même. Toutes ces parties, dans les différens groupes de ces animaux, varient en effet de volume, de proportion, de nombre ; et par le fait seul du nombre, de position relative : et puisque tous ces caractères, le volume, la proportion, la position, le nombre, varient, il est clair qu'aucun d'eux ne pouvait conduire à une détermination positive et absolue.

Ce qui manquait donc, c'était un moyen de détermination qui reposât enfin sur des caractères absolus et invariables. Ce moyen, j'ai cru le trouver dans l'expérience : car l'expérience donne les propriétés ou fonctions ; et les propriétés ou fonctions ne quittent jamais un organe ; elles le suivent, le distinguent, et, si on peut dire ainsi, le décèlent sous quelque déguisement qu'il se montre ; et pour qu'elles disparaissent, il faut qu'il ait déjà disparu lui-même.

Le second Mémoire, sur la *Cicatrisation des plaies du cerveau*, est encore une continuation de mes précédentes recherches.

On se souvient que des animaux auxquels j'avais enlevé soit tout le cerveau proprement dit, soit tout ou partie du cervelet, ont parfaitement survécu à ces pertes. Dans les expériences dont se compose ce Mémoire, j'ai eu principalement en vue de recueillir et de constater, jour par jour, les phénomènes qui se succèdent durant la cicatrisation, ou la réunion des parties cérébrales mutilées.

Ces phénomènes sont de deux ordres : les uns se rapportent au travail même de la réunion ou de la cicatrisation ; et les autres, à l'action de ce travail sur la fonction de la partie qui se réunit ou se cicatrise. Le plus curieux de ceux-ci est cette liaison constante qui unit la fonction à l'organe ; liaison telle, qu'on voit toujours la fonction disparaître à mesure que l'organe s'altère, reparaître à mesure qu'il se répare, et que l'on peut toujours ainsi juger, par l'état extérieur et visible de la fonction, de l'état intérieur et caché de l'organe.

L'objet des expériences du troisième Mémoire a été d'assigner et de démêler les *Conditions fondamentales de l'audition.*

Depuis long – temps déjà, MM. Scarpa et Cuvier, l'un dans son traité *De olfactu et auditu,* etc., l'autre dans ses *Leçons d'anatomie comparée,* avaient fait voir par quelle gradation admirable la structure de l'oreille, et par suite le mécanisme de l'audition, se décompose et se simplifie à mesure qu'on descend des classes supérieures aux inférieures.

Les expériences de ce Mémoire, en supprimant successivement les diverses pièces de l'oreille, font successivement passer l'oreille d'un animal supérieur donné, d'un oiseau par exemple, aux divers états de l'oreille des animaux inférieurs. Ces expériences reproduisent donc ainsi, sur un seul animal, cette série graduelle de décompositions que l'anatomie comparée observe et constate dans les différentes classes.

De plus, l'isolement successif de chacune des pièces de l'oreille montre tout à la fois son usage et son degré d'importance ; et en montrant ainsi quelles pièces sont seulement accessoires, quelles sont, au contraire, indispensables au mécanisme de l'audition, cet isolement donne les conditions de ce mécanisme, et par suite les causes de la surdité, lesquelles ne sont en effet que le trouble de ces conditions.

Au milieu de ces expériences sur l'audition a paru tout-à-coup un fait aussi singulier en lui-même qu'il peut devenir important par ses conséquences. C'est celui qui résulte de la section des canaux semi-circulaires, et qui, quoique encore unique en son genre, n'en doit pas moins fixer l'attention des observateurs. Car, dans une recherche quelconque, dès que se montre un fait contrastant, hors de ligne, absolument détaché de tous ceux qu'on suit, on peut être sûr qu'il en existe toujours plusieurs autres analogues ; et qu'ainsi par ce nouveau fait s'ouvre la série d'un nouvel ordre de phénomènes.

EXPÉRIENCES

SUR

LE SYSTÈME NERVEUX.

EXPÉRIENCES SUR L'ENCÉPHALE DES POISSONS.

MÉMOIRE

LU A L'ACADÉMIE ROYALE DES SCIENCES DE L'INSTITUT,

DANS SA SÉANCE DU 27 DÉCEMBRE 1824.

§ Ier.

1. On a vu, par mes précédentes expériences sur l'encéphale des animaux supérieurs, que cet organe, ou plutôt cet appareil organique, se compose de quatre parties principales, et essentiellement distinctes, savoir, le cerveau proprement dit, le cervelet, les tubercules optiques ou quadrijumeaux, et la moelle alongée.

2. Il était curieux de voir jusquu'à quel point

l'encéphale des poissons correspondait à celui de ces animaux. Or, c'est là ce qui n'était point facile ; ce qui était même à peu près impossible à *priori*, l'encéphale des poissons et celui de ces animaux ne se composant point d'un nombre pareil de parties.

3. L'anatomie suffit pour démêler l'analogie des parties, quand dans un appareil donné, le nombre des parties est semblable. Mais l'anatomie ne suffit plus quand le nombre des parties diffère.

4. Dans ce dernier cas, le seul moyen de résoudre la difficulté est visiblement l'expérience : car l'expérience seule montre en quoi consistent les causes réelles de la diversité du nombre ; diversité qui tient, en effet, à diverses causes.

5. La même partie peut être divisée en deux ou plusieurs autres ; il peut manquer une partie ; il peut s'ajouter une partie nouvelle : et le jeu de ces combinaisons peut varier d'une classe à l'autre, d'un genre à l'autre, et, comme on le verra bientôt dans les poissons, d'une espèce à l'autre.

6. Par exemple, quatre parties nettement séparées composent l'encéphale des oiseaux ; et celui des mammifères en a cinq. L'expérience montre que la cinquième partie du mammifère n'est qu'une subdivision de l'une des quatre parties de

l'oiseau ; et elle montre que cette subdivision a lieu dans les tubercules optiques, lesquels, simplement doubles dans les derniers de ces animaux, sont quadruples dans les premiers (1).

7. Pareillement, l'encéphale des poissons a généralement cinq parties ; par où il ressemble à celui des mammifères, qui en a cinq aussi, et diffère de celui des oiseaux, qui n'en a que quatre.

Cependant, les tubercules optiques sont, comme on va voir, simplement doubles chez les poissons comme chez les oiseaux ; et conséquemment, c'est par un mécanisme tout différent de celui qui vient d'être observé chez les mammifères, que l'addition d'une cinquième partie s'est opérée dans l'encéphale des poissons.

8. Aussi ne doit-on pas s'étonner de la divergence qui règne dans les opinions, relativement à la détermination des parties qui manquent ou restent dans le cerveau de ces derniers animaux, comparé à celui des autres classes.

Selon les uns, les poissons manquent du cerveau proprement dit ; ils manquent du cervelet, selon les autres. Tantôt les tubercules optiques

---

(1) Voyez mes *Recherches expérimentales sur les propriétés et les fonctions du système nerveux dans les animaux vertébrés.* Paris, Crevot, 1824, page 42.

1.

sont pris pour les lobes cérébraux ; tantôt la partie surajoutée, comme on verra tout à l'heure, au cerveau des poissons, est prise pour un démembrement du cervelet ; et ainsi du reste.

9. Je le répète donc, les parties qui s'ajoutent, disparaissent, se divisent ou se réunissent, variant d'une classe à l'autre ; et l'expérience donnant seule les *propriétés* ou les caractères propres de chacune de ces parties, il est visible que l'expérience seule peut indiquer et démêler, avec précision, quelles sont, dans les diverses classes, les parties ajoutées, disparues, divisées ou réunies.

10. On l'a vu par mes premiers travaux. Les parties qui se ressemblent par leurs propriétés se ressemblent aussi constamment par leur fonction : analogie de propriétés et de fonction, voilà donc ce qui constitue la correspondance réelle des parties entre elles.

11. Cela posé, énumérons les parties de l'encéphale d'un poisson donné ; et, les expérimentant toutes les unes après les autres, voyons jusqu'à quel point chacune d'elles correspond à telle ou telle autre de l'encéphale des classes supérieures ; et, par suite, jusqu'à quel point les diverses parties composantes de l'encéphale de ces classes et de celui des poissons sont similaires ou dissemblables.

§ II.

1. Je prends le cerveau de la carpe pour premier exemple.

2. Ce cerveau se compose, indépendamment de la moelle alongée proprement dite, de quatre lobes ou renflemens distincts. Les deux premiers, en comptant d'avant en arrière, sont pairs ou doubles ; le troisième est unique ou impair ; un tubercule médian et deux masses latérales forment le quatrième.

3. Sur une carpe, je mis bien à nu ces divers renflemens par l'ablation successive de la peau, des muscles, des parties osseuses, et de cette espèce de mucosité grisâtre qui les recouvre. Cela fait, je les soumis tous, l'un après l'autre, à des piqûres graduelles et ménagées.

4. Je piquai d'abord, de part en part et dans tous les sens, le renflement antérieur : l'animal resta impassible.

Je piquai le renflement suivant : il n'y eut pas de convulsions aux premières couches ; mais aux couches inférieures, l'animal éprouva des convulsions vives et prolongées.

Je passai au troisième renflement : ses piqûres ne furent point suivies de convulsions ;

celles du quatrième en furent, au contraire, suivies.

5. Je répétai cette expérience sur plusieurs autres carpes ; le résultat fut toujours le même.

6. Ainsi, le premier renflement du cerveau de la carpe ne donne pas des convulsions, le second en donne, le troisième n'en donne pas, et le quatrième en donne.

A ne considérer donc que cette seule propriété de donner ou de ne pas donner des convulsions, on voit déjà que le premier renflement répond aux hémisphères cérébraux, qui, comme on l'a vu par mes précédentes expériences, ne donnent jamais de convulsions; le second, aux tubercules optiques, qui en donnent; le troisième au cervelet, qui n'en donne pas ; et que le quatrième constitue une partie nouvelle, ou qui n'existe pas dans les autres classes, car, après le cervelet, il n'y a rien dans ces classes. Le cerveau de la carpe se compose donc de toutes les parties qui composent le cerveau des classes supérieures, et il a de plus une partie nouvelle.

7. Nous venons de voir les propriétés ; voyons les fonctions.

8. J'enlevai, sur une carpe, le premier renflement.

Les allures de l'animal ne parurent pas d'abord

notablement changées. Cependant, il fut bientôt évident qu'il se mouvait moins souvent, qu'il
ne se mouvait presque plus spontanément ou de
lui-même, et, autant qu'on peut en juger sur ces
animaux dans l'état de gêne où l'on est obligé de
les mettre pour l'expérience, qu'il n'entendait et
n'y voyait plus.

9. Ce premier renflement paraît donc répon-
dre par ses fonctions aux lobes cérébraux, comme
il leur correspond évidemment par la propriété
qu'il a d'être, comme eux, impassible aux piqûres et aux irritations directes.

10. Sur une autre carpe, j'enlevai le second renflement par tranches graduelles et successives.

Ce renflement offre ceci de particulier chez
la carpe, qu'il s'y compose de deux feuillets superposés, et comme emboîtés l'un dans l'autre.

J'ai déjà dit que la piqûre de ce renflement
produit des convulsions.

Son ablation porta une atteinte profonde à l'é-
conomie. L'animal ne se mouvait plus, ne respirait
plus qu'avec peine, et presque toujours il restait
couché sur le dos ou sur le côté, comme on sait que
cela a lieu chez les poissons malades ou affai-
blis.

11. Ce renflement répond donc aux tubercules
optiques; car il produit des convulsions, et si

son ablation a des effets plus graves chez les poissons que dans les autres classes, cela est évidemment dû au développement beaucoup plus considérable qu'il a chez eux.

12. J'enlevai, sur une troisième carpe, le troisième renflement.

On a déjà vu que ce renflement ne provoque jamais des convulsions. A mesure que je l'enlevai, l'animal perdit l'énergie et la régularité de ses mouvemens. Il ne savait plus se reposer que sur le dos, ou sur le côté, et il ne réussissait à se tenir sur le ventre qu'en oscillant; quand il voulait nager, ce n'était plus qu'avec peine et une sorte de bizarrerie. Quelquefois, et surtout si une légère lésion de la moelle alongée avait ajouté quelque chose de convulsif et par conséquent de plus actif au phénomène, l'animal s'enroulait sur lui-même selon l'axe de sa longueur, comme il arrive aux oiseaux, privés de leur cervelet, de s'enrouler sur eux-mêmes en volant.

13. Ce renflement correspond donc au cervelet, et par la faculté de ne pas donner des convulsions, et par la faculté de troubler l'harmonie et l'énergie des mouvemens.

14. Restait à examiner le quatrième renflement. Je le mis bien à nu sur une carpe.

Je piquai ensuite, successivement, le tubercule médian, et chacune des deux masses latérales. A chacune de ces piqûres, l'animal éprouva des convulsions violentes, et qui portaient principalement sur les couvercles des ouïes, ou *opercules*.

En outre, les piqûres de la masse latérale droite déterminaient, plus particulièrement, des convulsions dans l'opercule du côté droit ; celles de la masse gauche, dans l'opercule gauche ; et celles du tubercule médian, dans les deux opercules tout à la fois.

15. Sur une cinquième carpe, je coupai la masse latérale gauche ; le jeu de l'opercule gauche fut aussitôt détruit : l'animal ne continuait plus à respirer que du côté droit.

Je coupai la masse latérale droite ; le jeu de l'opercule droit fut aussitôt détruit, et conséquemment la respiration tout-à-fait éteinte.

16. Sur une sixième carpe, je me bornai à fendre longitudinalement le tubercule médian ; tout mouvement respiratoire fut sur-le-champ détruit.

17. J'ai répété bien souvent, et toujours avec même résultat, ces expériences. La dernière surtout l'a été un très grand nombre de fois de suite; et constamment la simple division du tubercule médian a subitement éteint la respiration.

18. Ce renflement est donc l'organe de la respiration ; il répond donc à la moelle alongée, dont il n'est effectivement qu'un développement, d'autant plus intéressant à considérer ici, qu'il montre enfin entièrement circonscrit, délimité, et développé en un véritable lobe ou tubercule pareil aux lobes ou tubercules du cerveau et du cervelet, cet organe de la respiration qui, dans les premières classes, paraît à peine constituer un organe à part et distinct des autres.

19. La correspondance des diverses parties du cerveau de la carpe avec les diverses parties du cerveau des animaux supérieurs, est donc établie et déterminée.

Le premier renflement ne donne pas des convulsions ; son ablation hébète l'animal ; il est double ; il ne donne point de nerfs ; il s'unit aux bulbes d'où naissent les nerfs olfactifs : il correspond donc aux lobes cérébraux.

Le second renflement est encore pair ; ses piqûres provoquent des convulsions ; il donne des nerfs, et ces nerfs sont les nerfs optiques : il constitue donc les tubercules optiques ou quadrijumeaux.

Le troisième renflement ne donne ni nerfs ni convulsions ; son ablation trouble l'harmonie des mouvemens ; il est impair, situé en travers sur la moelle alongée : il représente donc le cervelet.

Le quatrième renflement enfin donne des convulsions quand on le pique ; ces convulsions portent surtout sur les organes respiratoires ; c'est à ces organes que vont les nerfs qu'il donne ; son ablation détruit la respiration : il représente donc la moelle alongée, ou plutôt c'est la moelle alongée elle-même, mais cette moelle accrue, développée, et offrant en quelque sorte par ce développement même la confirmation la plus décisive de la circonscription que mes précédentes expériences ont établie, dans les classes supérieures, et de la moelle alongée et de ses fonctions.

§ III.

1. Je passe à l'examen de quelques autres espèces.

2. Je découvris le cerveau d'une lotte. Trois renflemens distincts se succèdent dans ce cerveau : les deux antérieurs, pairs ou doubles ; le postérieur, unique ou impair.

Les deux premiers sont manifestement les lobes cérébraux : car on peut les piquer sur tous les points sans exciter des convulsions; et lorsque l'animal les perd, sa stupidité paraît s'accroître.

Les deux seconds répondent aux tubercules quadrijumeaux : car, quand on les pique, il survient des convulsions; et ils donnent naissance aux nerfs optiques.

Enfin, le dernier est le cervelet; car il ne produit ni nerfs, ni convulsions, et il produit le trouble ou la disharmonie des mouvemens.

La moelle alongée n'offre plus ici le tubercule médian qu'elle offrait chez la carpe; mais les deux masses latérales, quoique moins considérables, subsistent, et, selon qu'on coupe la droite ou la gauche, ou les deux, l'opercule droit ou le gauche, ou les deux, sont paralysés; et de plus, quand on coupe la moelle alongée jusques et y compris ces deux masses d'où naissent les nerfs des branchies, comme chez les animaux supérieurs jusques et y compris l'origine de la huitième paire, la respiration est éteinte.

3. Le renflement médian de la carpe se retrouve dans la brème, la tanche, et autres espèces du genre cyprin; et partout il occupe le même siége et exerce les mêmes fonctions.

4. Dans le brochet, au contraire, le renflement médian n'existe plus; le renflement postérieur re-

devient donc le cervelet, comme chez la lotte : les deux suivans sont les tubercules optiques, et les deux autres les lobes cérébraux.

Ces lobes étant, proportionnellement, beaucoup plus considérables chez le brochet que chez la carpe, leur ablation a aussi un effet plus évident, et cet effet est toujours l'hébétation plus marquée de l'animal.

5. Le cerveau de l'anguille offre une combinaison toute nouvelle : cinq renflemens le constituent ; les quatre premiers, pairs ou doubles ; le cinquième, unique ou impair.

Les trois premiers ne donnent pas de convulsions, le quatrième en donne ; le cinquième n'en donne pas.

Les deux premiers correspondent aux bulbes olfactifs, lesquels ne donnent jamais de convulsions dans aucune classe.

Le troisième correspond aux lobes cérébraux, le quatrième aux tubercules optiques, le cinquième est le cervelet ; le tubercule médian de la moelle alongée manque.

§ IV.

1. Je regrette de n'avoir pu multiplier davantage ces expériences, et surtout de n'avoir pu y

soumettre un plus grand nombre d'espèces plus éloignées entre elles. On sent combien il serait curieux de suivre, ainsi guidé par l'expérience, les diverses combinaisons organiques que les diverses espèces offrent. Le peu qu'on vient de voir suffira néanmoins, j'espère, pour donner une idée du mode, et, si on peut dire ainsi, du mécanisme selon lequel ces combinaisons s'opèrent.

2. En comparant les poissons aux animaux supérieurs, on voit donc que le point par lequel le cerveau des premiers diffère le plus essentiellement du cerveau des seconds ; est celui par lequel cet organe préside aux mouvemens respiratoires. Or, la respiration est précisément ce qui constitue la différence la plus intime entre la classe des poissons et les autres.

3. En outre, ce point de l'encéphale qui règle la respiration est beaucoup plus développé dans les poissons que dans les classes supérieures ; et la raison en est simple, c'est que la respiration est une fonction bien autrement laborieuse chez les animaux aquatiques que chez les animaux aériens : ceux-ci agissent directement sur l'air ; les autres n'agissent sur l'air qu'à travers l'eau.

4. On ne peut s'étonner assez de voir cette merveilleuse correspondance qui, toujours et partout, proportionne avec tant d'exactitude

le développement de l'organe à l'énergie de la fonction.

5. L'intelligence se montre au plus haut degré de développement chez les mammifères ; les lobes cérébraux dominent dans leur cerveau. Les animaux les plus agiles et les plus mobiles sont les oiseaux ; le cervelet est proportionellement plus développé chez eux que dans nulle autre classe. Les plus apathiques sont les reptiles ; le cervelet n'est nulle part plus petit que là. Enfin, l'animal chez lequel la respiration exige le plus grand emploi de forces, est le poisson ; et le poisson est aussi l'animal chez qui l'organe régulateur de la respiration paraît le plus développé et le plus considérablement accru.

Les diverses parties du cerveau[1] se montrent donc tour à tour dominées ou dominantes, selon que la fonction qui leur correspond s'affaiblit ou se développe.

---

[1] Toutes ces parties ont été, dans ces derniers temps, décrites avec un soin infini par les anatomistes leur structure, leur développement, leurs modifications diverses, se trouvent surtout remarquablement exposés dans le bel ouvrage que vient de publier M. Serres, et qui a pour titre : *Anatomie Comparée du cerveau dans les quatre classes*, etc.

6. Il y a plus encore : car, le but final de l'organisation étant la vie, quand un ordre de moyens manque, il arrive toujours qu'un autre y supplée. Par exemple, l'intelligence supplée au défaut de ténacité dans la vie chez les animaux supérieurs ; chez les animaux inférieurs, c'est, au contraire, la ténacité de la vie qui supplée au défaut de l'intelligence. Où les lobes cérébraux dominent, la moelle alongée est évidemment réduite ; et à mesure que ces lobes diminuent, la moelle alongée s'accroît.

7. Bien des considérations resteraient à indiquer encore : je termine par celle-ci.

On se souvient que, dans mes précédentes expériences, j'ai fait voir que l'encéphale se compose de deux ordres de parties essentiellement distinctes : les unes sont susceptibles de provoquer immédiatement des convulsions ; les autres n'en sont pas susceptibles.

Les parties qui produisent des convulsions (les tubercules quadrijumeaux et la moelle alongée) concourent, ainsi que je l'ai montré, plus directement à la *conservation* de la vie. Celles qui ne produisent pas de convulsions (le cerveau proprement dit et le cervelet) concourent plus directement, au contraire, aux *relations* de la vie.

Or, ces dernières parties, ces parties de *relation*, ces parties non susceptibles de produire des convulsions, sont visiblement prédominantes dans les mammifères et les oiseaux; elles commencent à être dominées dans les reptiles, le sont encore plus dans les poissons, et finissent, dans la série des animaux invertébrés, comme je le montrerai bientôt, par entièrement disparaître.

EXTRAIT

DES

RECHERCHES

SUR LA CICATRISATION DES PLAIES DU CERVEAU, ET
LA RÉGÉNÉRATION DE SES PARTIES TÉGUMENTAIRES[1];

§ Ier.

1. On sait, par mes précédentes expériences, que les animaux privés, soit de leur cerveau proprement dit, soit de leur cervelet, survivent très bien à ces pertes; que les plaies des parties cérébrales se cicatrisent, et que les parties tégumentaires enlevées se reproduisent.

2. Mais, principalement occupé, dans le récit de ces expériences, à suivre et à décrire les allures, les habitudes, la manière d'agir et d'être des animaux qui s'y trouvaient soumis, je me suis borné à indiquer comme résultat la cicatrisation et la reproduction des parties. Il reste donc

---

[1] Mémoire communiqué à l'Académie des sciences, dans sa séance du 27 décembre 1824.

à exposer le mode et le mécanisme selon lesquels ces deux phénomènes s'opèrent.

3. A cet effet, et pour mieux rappeler à mon esprit les divers détails recueillis et consignés, l'an dernier, dans mes notes, j'ai soumis, de nouveau, cette année, quelques animaux à ces longues expériences; j'ai enlevé tout le cerveau proprement dit, aux uns; tout ou partie du cervelet, aux autres. J'ai pris toutes les précautions pour les faire survivre le plus long-temps possible à ces pertes. Je les ai observés tout le temps qu'ils y ont survécu; et j'ai suivi ainsi pas à pas les progrès de la cicatrisation ou de la reproduction des parties.

Ce que l'on va lire est le résultat de cette assidue et minutieuse observation.

§ II.

1. Le 8 octobre j'enlevai sur un canard les deux lobes cérébraux à la fois.

Sur-le-champ l'animal perdit la vision, l'audition; et ne donna plus aucun signe de volonté. Immobile et comme assoupi, mais du reste parfaitement d'aplomb sur ses jambes, d'un équilibre parfait quand il se mouvait, il ne bougeait plus qu'autant qu'on l'irritait.

Le lendemain, 9. il occupait encore la place

où je l'avais laissé la veille ; toute la surface de sa plaie était recouverte d'une couche noire et épaisse de sang desséché ; je le fis manger, car il ne mangeait plus de lui-même.

Le 10, même état : de temps en temps l'animal fait quelques pas sans but ni objet. Quelquefois il change de patte, ou secoue un moment l'une d'elles, comme si elle était fatiguée ou engourdie. Quelquefois, et surtout quand on le touche, il remue sa queue ; ou, se soulevant sur ses jambes, il agite vivement ses ailes, à la manière des canards qui cherchent à se dégourdir de la fatigue d'une position trop long-temps gardée.

Quant à la plaie, le seul point qu'il y ait à remarquer encore, c'est le rapprochement des bords de la peau tuméfiés, et déjà recollés aux parties sous-jacentes.

Le 11, la croûte de sang desséché adhère fortement par sa base aux parties sur lesquelles elle repose. Les bords de la peau qui l'entourent tendent toujours, et de plus en plus, à se rapprocher.

Le 14, la santé de l'animal est parfaite. Je remarque (comme je l'avais remarqué déjà, l'an dernier, sur les poules soumises à l'ablation des lobes cérébraux) qu'il marche toujours plus souvent et plus long-temps quand il est à jeun que quand il est repu.

A part les heures où il a manifestement besoin de nourriture, il est presque toujours ou assoupi ou complètement endormi. Plongé dans une stupeur perpétuelle, ni le bruit ni la lumière ne l'émeuvent jamais ; et il faut absolument, pour cela, une action immédiate, comme un coup, une piqûre, ou un pincement.

Vainement le soumet-on à des jeûnes prolongés, jamais il ne mange ni ne boit de lui-même ; et pour qu'il mange, il faut toujours lui porter l'aliment dans la bouche et jusque dans l'arrière-bouche, car si on le laisse sur le bout, sur le milieu même du bec, il ne sait point l'avaler.

Mais ce qu'on lui fait manger il le digère parfaitement ; il se débarrasse comme à l'ordinaire de ses excrémens, et quand la nourriture qu'on lui a donnée est trop abondante, il la rejette par le vomissement. En un mot, toutes les fonctions vitales se conservent et s'exercent avec la plus grande régularité ; il n'y a de perdu que les fonctions intellectuelles et sensitives.

Tous ces détails, comme on voit, ne sont qu'une répétition de ceux que je donnai, l'an dernier, à l'occasion de la poule qui vécut dix mois sans lobes cérébraux ; mais, par cela même qu'ils en sont la répétition, ils en sont aussi la confirmation ; et c'est ce qui les fera excuser, j'espère. Je reviens à la cicatrisation de la plaie.

Le 15, la croûte de sang est toujours fortement adhérente ; je la soulève et la détache avec effort. Au-dessous se voit un grand creux, d'où quelques gouttes de lymphe épanchée s'écoulent ; la surface de la plaie cérébrale est rougeâtre et parsemée de nombreux ramuscules sanguins.

Le lendemain, 16, une légère pellicule extrêmement fine, d'un blanc sale ou grisâtre, recouvre la surface mise à nu la veille. Les parties cérébra les que l'on voit à travers cette pellicule, comme au travers d'un voile, paraissent moins enflammées et moins rouges.

Le 17, la pellicule s'épaissit et se durcit à l'extérieur.

Le 18, la pellicule est transformée en une véritable croûte ; et c'est sous cette croûte que se fait le travail de la cicatrisation, et que s'épanche la lymphe organisable. Pour peu, en effet, qu'on soulève la croûte, on voit la lymphe accumulée qui s'échappe par tous les points.

Le 23, obligé de revenir à Paris, j'ai voulu y apporter l'animal sujet de ces observations. Il est mort en route par l'effet des cahots de la voiture.

2. J'enlevai, le 2 octobre, sur une poule, toute la portion supérieure et centrale du lobe cérébral gauche.

L'animal perdit aussitôt la vue de l'œil droit ; mais du reste il se conduisait, se nourrissait, allait et venait comme à l'ordinaire.

Le 3., vue toujours perdue de l'œil droit : toute la surface de la plaie est recouverte d'une croûte de sang noir et desséché : la portion restante du lobe cérébral mutilé paraît très tuméfiée ; les bords de la peau se rapprochent, et se collent aux parties voisines.

Le 6, la tuméfaction du lobe cérébral est dissipée.

Le 11, la croûte qui recouvre la plaie commence à se détacher par ses bords ; et sous ces bords détachés, on voit déjà se former la pellicule mince et fine qui, plus tard, constituera la nouvelle peau. Je soulève doucement la croûte, et tout aussitôt il s'échappe une assez grande quantité de lymphe qui s'y trouvait accumulée.

Le 12, l'animal commence à y voir un peu de l'œil qu'il avait perdu.

Le 15, il y voit tout-à-fait bien. J'enlève la croûte desséchée ; elle recouvrait et retenait sous elle une grande quantité de lymphe claire et limpide qui aussitôt s'écoule. La cicatrisation a déjà fait de grands progrès : la nouvelle peau s'avance de tous les points de la circonférence de la plaie vers le centre ; le lobe cérébral paraît rougeâtre , et presque aussi volumineux que s'il n'eût rien perdu ; et en enlevant, petit à petit, toute sa portion supérieure ; je vois qu'il s'est formé un nouveau ventricule par l'extension et la réunion des parois mutilées de l'ancien. —

L'animal perd de nouveau, par cette nouvelle opération , la vue de l'œil droit.

Le 16, le lobe cérébral tuméfié dépasse un peu le niveau des parois crâniennes.

Le 20 , cette tuméfaction est dissipée.

Le 23 , départ de la campagne ; mort de l'animal en route.

3. Le 15 septembre , j'enlevai à peu près tout le tiers supérieur du cervelet sur un jeune coq. L'animal perdit aussitôt l'équilibre de ses mouvemens ; il ne marchait, ne volait , ne se tenait plus debout qu'avec peine et en oscillant sur lui-même.

Le 16 , l'équilibre paraît déjà moins troublé. Comme je n'avais fait à la dure-mère qu'une incision , et ne l'avais point enlevée , la portion restante du cervelet se trouve contenue par elle , et il n'y a presque pas de tuméfaction.

Le 18 , l'équilibre se rétablit à vue d'œil.

Le 20 , il est entièrement rétabli.

Le 30 , la croûte de sang desséché commence

à se détacher et à céder sous le doigt qui la pousse, ce qui annonce le progrès de la cicatrice.

Mais ce qu'il importe surtout de bien indiquer ici, c'est la manière dont la peau nouvellement formée s'étend des bords de l'ancienne peau, desquels elle émane, vers cette croûte, et, se glissant sous elle, la soulève et la détache à mesure qu'elle s'y glisse.

La lame extérieure des os frontaux, dénudée et exposée à l'air, est noirâtre et nécrosée.

Le 1ᵉʳ octobre la croûte de sang cède à une légère impulsion, se détache et laisse voir sous elle, d'abord beaucoup de lymphe accumulée, et ensuite une surface jaunâtre, parsemée de points et de stries rouges, gorgée, enflammée, et recouverte de granulations ou bourgeons lardacés. Cette surface est circonscrite par une peau nouvelle qui gagne et se propage de tous les points de la circonférence vers le centre de la plaie.

Le 3, la surface bourgeonnée, mise à nu le 2, se dessèche à l'extérieur, et se durcit en se desséchant.

Le 8, la cicatrice fait des progrès rapides, et ces progrès vont toujours de la circonférence au centre.

Le 11, la cicatrisation est complète. Une nouvelle peau, ou plutôt, comme on verra tout à l'heure, une nouvelle espèce de peau, fine, lisse et mobile, en recouvre toute la surface. La lame extérieure des os frontaux nécrosée ne s'exfolie point encore ; mais on voit déjà se glisser sous ses bords la nouvelle peau qui se forme.

Le 20, la nouvelle peau continue toujours à s'étendre sous les os frontaux nécrosés, et à les détacher par leurs bords.

Le 23, retour à Paris; l'animal résiste très bien au voyage.

Le 4 novembre, l'animal étant d'une vigueur et d'une santé parfaites, je le soumets à une nouvelle expérience.

J'enlève d'abord l'os frontal gauche, lequel paraît formé de deux lames, ou plutôt de deux os superposés, l'ancien entièrement nécrosé, le nouveau encore cartilagineux. J'enlève ensuite le lobe cérébral correspondant presque en entier ; et l'animal perd aussitôt la vue de l'œil opposé.

Le frontal droit s'exfolie petit à petit à mesure que la nouvelle peau s'étend sous ses bords.

Le 12, l'os frontal nécrosé tombe, et sa chute s'opère par un procédé tout pareil à celui qui a eu lieu pour la chute de la croûte de sang desséché ; c'est-à-dire que la nouvelle peau, en se formant peu à peu sous l'os nécrosé, comme elle s'était formée sous la croûte, l'a détaché d'abord par sa circonférence, puis par son centre, et a fini par l'expulser tout-à-fait. La cicatrice est donc complète, et la nouvelle peau partout complètement formée, hors sur le seul point opéré de nouveau le 4.

Le 22, ce dernier point est entièrement cicatrisé lui-même, et recouvert de la peau nouvelle. Mais le nouvel os n'est point encore formé, comme l'indique la fluctuation qu'on sent à la place qu'il doit occuper; fluctuation due à de la lymphe épanchée, accumulée, et qui, par une petite incision que je fais à la peau, s'écoule avec abondance.

La vue est toujours perdue de l'œil droit.

Le 10 janvier 1825, je présentai cet animal à MM. les commissaires de l'Académie.

Le 17 mai, époque où ce Mémoire s'imprime, la vue de l'œil droit est toujours perdue; tout le crâne est recouvert d'une peau lisse et mince; la perte de substance éprouvée par le frontal gauche n'est point complètement réparée; et, par le point où l'os manque, s'élève une petite poche qui offre une fluctuation sensible, et qui, étant percée, donne issue à une certaine quantité de lymphe.

Je passe à l'examen de l'état intérieur des parties.

Là nouvelle peau lisse et mince qui a remplacé l'ancienne peau perdue est absolument dépouillée de plumes et dépourvue de leurs bulbes. Composée d'une seule lame, ou membrane, elle n'a plus ni véritable derme, ni véritable corps muqueux. Un tissu cellulaire lâche et souple l'unit aux os du crâne, et dans le point où ces os n'ont pas été reproduits, il l'unit à la dure-mère.

Les nouveaux os ne sont aussi composés que d'une seule lame mince, mais dense ; et ils n'offrent plus ni sinus, ni diploé.

La moelle alongée, les tubercules quadrijumeaux, et le lobe cérébral droit, sont dans un état d'intégrité parfaite.

Le cervelet se montre réduit à peu près à la moitié de son volume naturel ; sa surface mutilée présente une cicatrice lisse, fine, et parsemée de stries ou points jaunâtres.

Le lobe cérébral gauche a perdu toutes ses parties centrales ; il ne reste plus que sa couche extérieure, soutenue par la dure-mère reproduite, épaissie, et formant cette poche pleine de lymphe qui faisait saillie à travers le trou des os du crâne, et qui, durant le cours de l'observation, avait été vidée à plusieurs reprises.

4. Je n'ai pu, comme on voit, étudier cette

année, l'état et la constitution des parties , après leur entière cicatrisation ou reproduction , que sur ce dernier animal. Les deux premiers ont trop peu survécu. Je vais donc compléter , en quelque sorte , les observations de cette année par celles de l'an dernier.

5. J'avais enlevé les deux lobes cérébraux à une poule [1]. Cette poule survécut plus de six mois et demi à cette perte ; et conséquemment la cicatrisation et la reproduction des parties étaient entièrement terminées, quand l'animal mourut par suite d'un accident tout-à-fait étranger à l'expérience.

Le crâne était recouvert , dans toute son étendue, d'une peau mince, blanche et mobile. Au-dessous de cette peau se trouvait une couche osseuse qui remplaçait parfaitement toutes les portions perdues de l'ancien os. A l'intérieur, le cervelet, les tubercules, la moelle alongée, étaient entièrement sains. Les points mutilés, par suite de l'ablation des lobes cérébraux, offraient une surface unie , lisse , et de la couleur naturelle à ces points.

---

[1] Voyez mes *Recherches expérimentales sur les propriétés et les fonctions du système nerveux,* etc., pag. 124 et suivantes.

La structure des parties nouvelles différait sous plusieurs rapports de celle des parties anciennes. Par exemple, ainsi qu'on l'a déjà vu au sujet du jeune coq expérimenté cette année, la nouvelle peau n'avait ni derme ni corps muqueux ; aussi n'était-elle ni élastique, ni consistante. Le nouvel os ne se composait plus de deux lames distinctes ; et conséquemment il n'y avait plus ni sinus, ni diploé, etc.

6. Toute la moitié supérieure du cervelet avait été retranchée sur une poule.

Quatre mois après l'opération, et, par conséquent, toute cicatrisation, toute reproduction complètement terminées, je soumis les parties expérimentées à l'examen. Une nouvelle peau fine, une nouvelle couche osseuse mince, remplaçaient l'ancien os et l'ancienne peau. La moitié restante du cervelet offrait sa couleur et sa consistance naturelles; seulement la surface mutilée présentait encore, surtout vers le centre, quelques stries et quelques points de couleur jaunâtre.

Même différence, du reste, que dans l'observation précédente, entre les nouvelles parties et les anciennes.

7. Je fendis longitudinalement le lobe cérébral droit sur une poule.

Quinze jours après, ce lobe, ayant été examiné, se trouva déjà recollé dans tous les points divisés. Ces points se montraient pourtant encore parsemés de stries rouges ou jaunâtres, et un peu de sang épanché les séparait encore vers le centre.

§ III.

1. Je termine ici ces extraits de més notes. Le surplus a besoin d'être revu, et fait partie d'un long travail sur les divers phénomènes de la *cicatrisation* et de la *reproduction* : travail que je me propose de terminer dès que d'autres recherches dont je m'occupe en ce moment me le permettront.

2. Ce qui précède suffit néanmoins et pour confirmer quelques résultats déjà connus, et pour en indiquer quelques autres plus ou moins nouveaux.

3. Ainsi :

1° Les plaies du cerveau avec perte de substance sont suivies d'une cicatrice fine et lisse de la surface mutilée.

2° Les plaies qui ne consistent qu'en une simple division se cicatrisent par la réunion immédiate des points divisés.

3° Quand un ventricule n'a perdu que sa paroi supérieure, le ventricule se reproduit, et la paroi se reforme par l'extension et la réunion des parois latérales.

4° Dans les deux derniers cas, à mesure que la réunion des parties divisées, ou que la reproduction du ventricule détruit s'opèrent, l'animal reprend les fonctions qu'il avait perdues : il les reprend aussi dans le premier cas, pourvu que la perte de substance n'ait pas dépassé certaines limites (1).

4. Quant aux parties tégumentaires, on voit :

1° Qu'il se forme une nouvelle peau et un nouvel os, ou plutôt une nouvelle espèce de peau et une nouvelle espèce d'os, la structure des parties nouvelles et celle des anciennes différant sous plusieurs rapports.

2° La nouvelle peau provient toujours des bords de l'ancienne ; toujours un épanchement de lymphe organisable précède un nouveau progrès de sa formation, et, pour que cette lymphe puisse s'organiser, il faut toujours qu'elle soit maintenue un certain temps *en position* par une

---

1 Voyez mes *Recherches* déjà citées, page 102 et suiv.

surface recouvrante quelconque. Je dis *quelconque;* parceque, comme on l'a vu, c'est tantôt une croûte de sang desséché, tantôt une croûte de lymphe coagulée, tantôt une lame d'os exfoliée, qui jouent le rôle de cette surface.

3°. Le premier temps de la cicatrisation est le rapprochement des bords de la plaie vers le centre, et la formation d'une croûte; le second, l'épanchement de la lymphe organisable sous cette croûte; le troisième, l'organisation ou la formation de la partie nouvelle qui, à mesure qu'elle se forme, détache et expulse la croûte.

4° Enfin, la reproduction de la peau est toujours plus rapide que celle de l'os, etc. ; et le nouvel os commence toujours par être cartilagineux avant de passer à l'état osseux.

RECHERCHES

SUR LES CONDITIONS FONDAMENTALES DE L'AUDI-TION, ET SUR LES DIVERSES CAUSES DE LA SUR-DITÉ [1].

§ Ier.

1. L'ouïe est, avec la vue, le sens le plus varié dans ses effets, le plus compliqué dans sa structure, le plus étonnant par ses résultats ; mais, à la différence de la vue, il est le moins connu dans son mécanisme

Il est peu de parties, dans l'œil, dont on ne connaisse, avec plus ou moins de précision, le rôle particulier et la fonction propre. On a suivi la marche des rayons lumineux depuis le point par où ils pénètrent dans l'organe jusqu'au point où les objets se peignent. On a déterminé les inflexions, les réfractions, les modifications diverses que ces rayons éprou-

---

[1] Mémoire communiqué à l'Académie des sciences, dans sa séance du 27 décembre 1824.

vent à mesure qu'ils traversent des parties nouvelles. En un mot, on sait à peu près ce que
fait chaque partie de l'œil au moment où l'animal voit ; et, conséquemment, la théorie de la
vision est à peu près complète.

2. Mais il en est bien autrement pour ce qui
concerne celle de l'audition. Presque tous les
physiologistes conviennent que l'on ignore absolument l'usage des diverses parties qui constituent l'oreille ; et ceux qui n'en conviennent pas
déguisent mal leur ignorance par des supposi-
tions, par des conjectures, ou par quelques
uns de ces mots que l'on met à tout, qui n'ex-
priment rien, et qui n'ont d'autre mérite, comme
a dit Fontenelle, que d'avoir long-temps passé
pour des choses.

3. Le seul raisonnement sert mal là où il est
question de faits. En tout genre, on a com-
mencé par faire des théories presque partout
où il eût fallu des expériences. Le moment est
venu, même en physiologie, de renverser, si
on peut dire ainsi, cette manière d'aller un peu
trop expéditive ; et de multiplier, de répéter,
d'accumuler les expériences, en attendant que
nous arrivions un jour, peut-être, à des
théories.

4. Quand il s'agit d'une machine compli-

quée, et qu'on veut déterminer les usages divers des divers ressorts dont elle se compose, le seul moyen d'y réussir est visiblement d'éprouver chacun de ces ressorts séparément des autres, et de les éprouver tous l'un après l'autre. Or, cette série d'épreuves successives et exclusives est précisément ce qui constitue la méthode expérimentale, laquelle n'est que l'isolement des parties, lequel n'est que leur séparation ; et, par leur séparation, la séparation et conséquemment la détermination des usages.

5. On a déjà vu un exemple, et de l'application de cette méthode, et des résultats qu'elle peut donner, dans mes expériences sur le cerveau. La même méthode a dirigé les recherches que je présente aujourd'hui à l'Académie sur l'usage des différentes parties dont est formée l'oreille : car, qu'il s'agisse du cerveau, de l'oreille, ou de tout autre organe, le problème est toujours le même ; il s'agit toujours, un ensemble de parties étant donné, de déterminer expérimentalement le rôle, c'est-à-dire la fonction propre de chacune d'elles.

§ II.

1. Pour faciliter l'intelligence des détails où je

vais entrer, je rappelle en peu de mots ici l'ensemble des parties nombreuses et variées qui composent l'oreille. Je commence par les oiseaux.

2. Tout le monde sait que, chez ces animaux, un méat externe très court [1] précède la membrane du tympan ; qu'à cette membrane adhère la chaîne des osselets ; que l'extrémité de cette chaîne va fermer l'ouverture du vestibule ; qu'à ce vestibule aboutissent trois canaux semi-circulaires, un horizontal, et deux verticaux ; que le limaçon n'est plus que rudimentaire ; et que, dans ces dernières parties, le vestibule, les canaux et le limaçon, vient se ramifier le nerf auditif, au milieu d'une pulpe gélatineuse, et de quelques petits corps grisâtres.

3. Les parties que j'ai nommées en dernier lieu composent le *labyrinthe*, ou oreille interne ; la cavité interposée entre le tympan, d'une part, et l'ouverture vestibulaire de l'autre, forme ce qu'on appelle *caisse*, ou moyenne oreille. Tout ce qui vient après la caisse forme l'oreille externe.

---

[1] Une glande folliculaire, plus ou moins volumineuse, selon les espèces, et située dans ce méat, y sécrète la matière sébacée ou cérumineuse.

4. Il suffit d'avoir rappelé ces objets à l'esprit : je passe tout de suite au récit des expériences.

§ III.

1. Je mis bien à nu, sur un pigeon, et sur les deux oreilles à la fois, toute la membrane du tympan, en enlevant successivement la peau, les muscles, les ligamens, et les petites portions osseuses qui en recouvrent et masquent plus ou moins la circonférence.

Cela fait, je détruisis complètement cette membrane dans les deux oreilles. L'audition ne parut pas troublée.

2. J'observe, avant d'aller plus loin, que, dans toutes ces expériences, j'ai toujours opéré simultanément sur les deux oreilles ; quand on n'opère que sur une oreille, il faut boucher l'autre. Mais on n'est jamais sûr de l'avoir assez exactement bouchée ; il vaut infiniment mieux soumettre en même temps les deux oreilles aux mêmes épreuves, et les maintenir ainsi constamment dans le même état.

3. Je me hâte d'avertir encore que, dans les épreuves auxquelles on soumet l'animal pour s'assurer s'il entend ou non, on doit apporter la plus grande attention à empêcher que la sim-

ple agitation de l'air, produite par le choc qui produit le bruit, ne vienne mêler son effet à l'effet des ondulations sonores. J'interpose toujours un écran entre le point où le bruit est produit, et le point que l'animal occupe; et j'évite, avec le plus grand soin, tout choc qui pourrait communiquer le moindre ébranlement, soit à l'appartement, soit à l'objet sur lequel l'animal repose.

4. Enfin, une troisième précaution, non moins essentielle, est de boucher exactement les yeux à l'animal, afin qu'on ne soit point exposé à croire qu'il entend lorsqu'il ne fait que voir; et que, n'y voyant plus, il soit plus attentif au moindre bruit qu'il pourrait entendre.

5. Sur un second pigeon, je détruisis les deux tympans; l'animal entendit.

J'enlevai, des deux côtés, la première portion de la chaîne des osselets, c'est-à-dire la portion qui correspond au manche du marteau, ou au marteau lui-même; l'animal entendit encore. J'enlevai l'étrier; l'animal entendit toujours. Mais, ce qu'il importe essentiellement de remarquer ici, l'audition, qui jusque là n'avait point paru sensiblement affaiblie, le fut alors beaucoup.

6. J'ai répété cette expérience graduelle sur un troisième pigeon; le résultat a été le même.

Je l'ai répétée sur plusieurs autres ; et les résultats obtenus d'abord se sont reproduits toujours.

7. Ainsi, ni l'ablation du tympan, ni celle des premiers osselets, ni celle de l'étrier lui-même, n'abolit l'ouïe ; mais celle de l'étrier l'affaiblit beaucoup : dernière circonstance qui m'a engagé à tenter l'expérience que je vais dire. Puisqu'en effet la perte de l'étrier affaiblit d'une manière notable l'énergie de l'audition, il était curieux de s'assurer si, avec la restitution de la partie enlevée, ne se restituerait pas aussi l'énergie de la fonction.

8. Dans cette vue, je me bornai à détruire, sur un pigeon, la portion antérieure du tympan. Après quoi je saisis avec de petites pinces la tige de l'étrier ; et j'enlevai doucement cet osselet du petit tube dans lequel il s'enfonce avant d'arriver jusqu'à la fenêtre ovale.

Cela fait, j'examinai l'animal : son audition était très affaiblie.

L'étrier n'avait pas été détaché de la portion restante du tympan à laquelle il adhère, je le repris avec les petites pinces ; je le replaçai dans son petit tube ; j'examinai de nouveau l'animal : l'audition avait visiblement repris un peu de son énergie.

9. Je répétai cette expérience sur deux autres pigeons ; le résultat fut toujours le même.

10. Je passai à l'examen des deux orifices (fenêtres *ronde* et *ovale*), par lesquels le vestibule s'ouvre dans la caisse du tympan.

11. Après avoir successivement enlevé sur un pigeon le tympan et les osselets, je détruisis, avec la pointe d'un stylet aigu, la membrane fine et lisse qui ferme ces deux orifices. L'audition parut notablement affaiblie, mais elle persistait encore.

12. Arrivé ainsi au vestibule, ou au centre de l'appareil auditif, en allant d'avant en arrière, par le tympan, les osselets et les deux fenêtres ; il s'agissait d'explorer à leur tour les parties situées du côté opposé à celui qu'occupent les précédentes, et de revenir au centre de l'appareil par un chemin contraire à celui déjà suivi, c'est-à-dire en allant d'arrière en avant, et par les canaux semi-circulaires.

13. Ces canaux n'étant enveloppés, chez les oiseaux, que par une simple cellulosité osseuse, il est fort aisé de les mettre à nu. Je les découvris donc bien exactement sur un pigeon, et je les coupai ensuite l'un après l'autre avec de petits ciseaux très fins.

A chacune de ces sections, l'animal parut souffrir beaucoup ; et il survint de plus un phénomène si singulier, qu'à cause de sa singularité même, et pour ne point interrompre d'ailleurs l'histoire de l'audition, j'ai cru devoir le décrire à part.

Les canaux semi-circulaires étant rompus, non seulement l'animal entendait encore, mais il paraissait souffrir lorsqu'il entendait. Évidemment, le bruit l'agitait et l'importunait ; et, quoique l'audition ne fût plus aussi nette, elle semblait plus vive, ou du moins l'animal en exprimait plus vivement les signes, à cause, sans doute, de la souffrance qu'il ressentait à l'occasion du bruit.

14. Cette expérience a été répétée sur plusieurs autres pigeons, et toujours résultat semblable.

15. Il ne restait plus à examiner que le vestibule. Mais, pour bien apprécier le rôle propre de cette partie centrale de l'appareil, on sent combien il importait de pénétrer jusqu'à elle sans blesser aucune des parties voisines.

Heureusement une petite ouverture communique de l'intérieur du vestibule à cette cellulosité osseuse dont j'ai déjà parlé, et qui enveloppe les canaux semi-circulaires. Quand on remue le manche du marteau par le tympan, on voit, à travers cette petite ouverture, la platine de l'étrier qui se meut ; et, réciproquement, quand, par cette petite ouverture, on meut la platine de l'étrier, on voit le manche du marteau et le tympan se mouvoir.

C'est de cette ouverture que j'ai profité pour pénétrer dans le vestibule.

16. Sur un pigeon, j'agrandis d'abord petit à petit cette ouverture, au moyen d'un stylet très fin.

La cavité intérieure du vestibule étant ainsi mise à nu, l'animal entendait encore.

Je détruisis alors peu à peu, avec la pointe du stylet, une partie de l'expansion nerveuse qui, comme j'ai déjà dit, vient se ramifier dans le vestibule ; l'animal n'entendit plus que très faiblement.

Je poussai plus loin cette destruction ; il n'entendit plus du tout.

17. J'ai répété bien souvent cette expérience. Constamment la simple mise à nu de l'intérieur du vestibule n'a que peu altéré l'ouïe ; constamment la destruction partielle de l'expansion nerveuse n'a altéré ce sens qu'en partie ; et constamment la destruction complète de cette expansion l'a complétement détruit.

18. Une remarque générale, et qui s'applique à toutes les expériences qu'on vient de voir, c'est que la destruction des diverses parties enlevées dans ces expériences, les parois du vestibule, les canaux semi-circulaires, la membrane des fe-

nêtres ronde et ovale, l'étrier ; c'est que cette destruction, dis-je, bien qu'elle n'abolisse pas sur-le-champ l'audition, finit toujours, au bout d'un temps plus ou moins long, parla détruire. L'étrier est, de toutes ces parties, celle dont la perte entraîne le plus tard la perte de l'audition.

19. Je reviens aux canaux semi-circulaires, et au fait singulier que j'ai annoncé plus haut.

J'ai déjà dit que la section de ces canaux s'accompagne toujours d'une douleur très vive. Cette douleur s'accroît ou se reproduit chaque fois qu'on pique avec le bout d'une aiguille les parties contenues dans ces canaux. Mais ce qui paraît de plus singulier, soit quand on coupe, soit quand on pique ces parties, c'est un mouvement horizontal de la tête, d'une brusquerie et d'une violence telles qu'il est presque impossible de s'en faire une idée sans l'avoir vu.

20. Pour suivre ce curieux phénomène dans tous ses détails, je découvris avec soin les canaux semi-circulaires, sur un pigeon ; et je coupai ensuite, avec de petits ciseaux très fins, le canal horizontal des deux côtés.

Chacune de ces sections fut accompagnée d'une douleur aiguë, et d'un mouvement horizontal de la tête, laquelle se portait de droite à gauche et de gauche à droite avec une rapidité inconcevable.

Ce mouvement ne durait pas toujours ; quelquefois la tête restait un moment en repos : mais, pour peu que l'animal voulût se mouvoir, le branlement singulier de la tête revenait soudain.

L'animal voyait, entendait, et paraissait conserver toutes ses facultés intellectuelles et sensitives. Son corps était dans un parfait équilibre durant la simple station ; mais, dès que l'animal commençait à marcher, la tête recommençait à s'agiter ; et cette agitation de la tête s'accroissant avec les mouvemens du corps, et se communiquant bientôt à toutes les parties, toute démarche, tout mouvement régulier finissaient par devenir impossibles, à peu près comme on perd l'équilibre et la stabilité de ses mouvemens quand on tourne quelque temps sur soi-même, ou qu'on secoue violemment la tête.

Quelquefois effectivement l'animal se bornait à tourner sur lui-même, et en tournant il perdait l'équilibre, tombait, et se roulait ou se débattait long-temps sans pouvoir réussir à se relever et à se tenir d'aplomb.

21. La ressemblance frappante de cette dernière partie du phénomène avec les phénomènes du cervelet pouvait faire croire à quelque lésion, sinon directe, du moins indirecte de cet organe.

J'examinai donc le cervelet avec le plus grand soin ; il parut dans un état d'intégrité parfaite.

22. Pour déterminer, avec plus de précision encore, l'indépendance du phénomène que je décris de toute lésion, au moins directe, soit du cervelet, soit d'une autre partie centrale quelconque de l'encéphale, j'eus recours aux précautions suivantes.

Je mis bien exactement à nu les canaux semi-circulaires, sur un pigeon ; puis je coupai le canal horizontal des deux côtés.

Je choisis ce canal pour sujet de mon expérience, parce qu'il est le plus éloigné de l'encéphale, surtout du cervelet ; et en le coupant je mis toute mon attention à éviter la moindre secousse qui eût pu se communiquer aux parois du crâne.

Malgré ces précautions, la section des deux canaux ne fut pas moins suivie du branlement et de l'agitation de la tête.

Quand ce branlement s'arrêtait, on pouvait toujours le reproduire, soit en piquant avec la pointe d'une aiguille les parois internes des canaux, soit en excitant l'animal à se mouvoir.

Le branlement était toujours plus vif au moment où il commençait ; puis il allait se ralentissant, et finissait peu à peu par cesser tout-à-

fait. Mais les choses ne se passaient ainsi qu'autant que l'animal restait en repos; quand il
marchait, au contraire, le branlement était
toujours d'autant plus vif que l'animal cherchait
à marcher plus vite.

23. J'avais constaté l'absence de toute lésion ou
plutôt de toute blessure directe du cervelet; mais
il restait une cause particulière de lésion à examiner encore.

En rompant avec des ciseaux, comme je l'avais
fait jusqu'ici, les canaux semi-circulaires, on
rompt inévitablement la petite artère qui rampe
sur leur côté externe; et cette rupture amène
bientôt un épanchement de sang qui gagne ra-
pidement le cervelet, la moelle alongée, et toute
la cellulosité osseuse des parois postérieures du
crâne. Il importait donc d'éviter la complica-
tion qui pouvait résulter de cet épanchement.

A cet effet, les canaux semi-circulaires mis à
nu sur un pigeon, j'ouvris l'un d'eux, l'horizontal, par le côté opposé à celui qu'occupe l'artère,
et sans ouvrir l'artère, par conséquent.

Tout épanchement étant évité ainsi, je piquai
les parties internes de ce canal; la douleur et l'a-
gitation de la tête suivirent tout aussitôt et de la
même manière que dans les expériences précédentes; à cela près, néanmoins, que l'agitation

fut bien moindre dans ce cas que dans le cas de rupture complète du canal.

24. En parlant tout à l'heure de la destruction de l'expansion nerveuse contenue dans le vestibule, j'ai omis de dire que l'animal paraissait à peu près insensible à cette destruction. Mais toutes les fois qu'on pousse le stylet jusque vers les orifices des canaux semi-circulaires, les signes de douleurs et les branlemens de tête qui caractérisent la lésion de ces canaux reparaissent.

§ IV.

1. En résumant tout ce qui précède, on voit :

1° Que ni la destruction du tympan, ni celle de la première portion de la chaîne dite des osselets, n'altèrent gravement l'ouïe ;

2° Que l'ablation de l'étrier l'affaiblit beaucoup ;

3° Que la destruction de la membrane qui ferme les fenêtres ronde et ovale (l'étrier toujours enlevé) l'affaiblit encore davantage ;

4° Que la restitution de l'étrier lui restitue quelque énergie;

5° Que la rupture des canaux semi-cirulaires rend tout à la fois l'ouïe confuse et douloureuse, et s'accompagne, de plus, d'une agitation brusque et violente de la tête;

6° Que la mise à nu de l'intérieur du vestibule n'altère point notablement l'ouïe;

7° Que la destruction partielle de l'expansion nerveuse contenue dans le vestibule ne détruit ce sens qu'en partie, et que la destruction complète de cette expansion le détruit complètement.

2. Les conditions fondamentales de l'audition se déduisent tout naturellement, comme on voit, de ces résultats. La partie la plus essentielle à cette fonction est évidemment l'expansion nerveuse du vestibule. C'est même, à la rigueur, la seule partie indispensable : car toutes les autres peuvent être ôtées ; pourvu que celle-là subsiste, l'audition subsiste.

Toutes les autres parties ne concourent donc qu'à l'étendue, à l'énergie, aux modifications accessoires de la fonction, ou à la conservation de l'organe. Et ce que montre ici cette analyse expérimentale, l'analyse naturelle, offerte par l'anatomie comparée, l'indiquait déjà. On peut voir, en effet, dans les grands ouvrages de M. Scarpa et de M. Cuvier, comment la composition de l'oreille se simplifie en passant des classes supérieures aux inférieures, et présente par là, si on peut dire ainsi, une série d'expériences toutes faites, et, en quelque sorte, la contre-épreuve de celles qu'on vient de lire [1].

3. D'un autre côté, en faisant une application de ces dernières expériences à la recherche des différentes causes de la surdité, on voit :

1° Qu'il y a une cause immédiate et absolue de la surdité, savoir, la destruction du nerf ou de l'expansion du nerf qui se rend dans le vestibule.

Et 2° qu'il y a plusieurs causes d'affaiblissement progressif, et, par suite, de perte plus ou moins éloignée de l'ouïe ; la destruction de l'étrier, des orifices vestibulaires, des parois du vestibule, et des canaux semi-circulaires.

4. Enfin, on peut se souvenir que, dans mes expériences sur le cerveau, j'ai fait voir que l'audition se perdait par l'ablation des lobes cérébraux, sans qu'aucune partie de l'oreille fût

---

[1] On sait par quelle suite de combinaisons aussi profondes qu'ingénieuses M. Geoffroy a été conduit à rechercher les pièces qui ont disparu de l'appareil simplifié de l'oreille des poissons, dans un appareil voisin et particulier à ces animaux, celui de leurs *opercules*. Voyez son célèbre ouvrage de la *Théorie des Analogues*, ou *Philosophie anatomique*, etc.

réellement atteinte, et qu'ainsi la perte de l'organe du sens était complètement distincte de la perte de l'organe de la sensation.

5. De plus, comme chacune de ces espèces particulières de surdité s'accompagne de symptômes particuliers, il suit évidemment qu'il est toujours possible de déterminer la partie affectée, ou, comme on dit, le *siége* par les *symptômes*, et par le *siége*, la *gravité*; ce qui est le fondement et le but de toute pathologie.

6. Je termine ici ce Mémoire. Il ne constitue que la première partie de mon travail sur la *Physiologie de l'Oreille*; mais il en constitue la partie fondamentale, puisqu'il donne toutes les conditions essentielles de l'audition. Il reste à voir ce que les diverses parties de l'organe, en se restreignant ou en se développant dans les diverses classes, retranchent ou ajoutent à la fonction. Ce sera l'objet d'un second Mémoire.

Addition touchant le phénomène qui suit la section
des canaux semi-circulaires.

Je coupai, le 15 novembre 1824, sur un pigeon, le canal semi-circulaire horizontal des deux côtés. Cette section fut aussitôt suivie de ses deux phénomènes accoutumés : le branlement horizontal de la tête, et le tournoiement de l'animal sur lui-même.

Il importait de voir ce que deviendraient et ces singuliers phénomènes, et un pareil animal, si on le laissait vivre. Celui-ci fut bientôt guéri des suites immédiates de l'opération; ses deux plaies furent bientôt complètement cicatrisées; mais le branlement de la tête, et le tournoiement persistèrent toujours ; le branlement seul diminua de fréquence et d'intensité.

Le 10 janvier 1825, cet animal fut présenté à MM. les commissaires de l'Académie. Le mouvement horizontal de la tête, quoique devenu moins brusque et moins violent qu'immédiatement après l'opération , persistait cependant toujours, et se reproduisait surtout toutes les fois qu'on excitait l'animal à se mouvoir.

Quant au tournoiement, il n'avait presque rien perdu de sa première intensité, et se renouvelait aussi toutes les fois qu'on faisait mouvoir l'animal avec rapidité.

Ce tournoiement s'opérait tantôt à gauche, tantôt à droite, mais le plus souvent à droite.

Le 17 mai, époque de l'impression de ce Mémoire, le branlement et le tournoiement persistent toujours au même degré et avec les mêmes caractères.

Du reste, l'animal conserve tous ses sens, toutes ses facultés ; et, comme il a été nourri avec beaucoup de soin, il a beaucoup engraissé.

Il restait à examiner l'état intérieur des parties. Je sacrifiai donc cet animal que j'étudiais depuis si long-temps et avec tant d'intérêt.

Les portions d'os du crâne enlevées étaient reproduites ; les deux canaux coupés étaient oblitérés aux points de leur section. Les parties cérébrales paraissaient dans un état d'intégrité parfaite ; et ni les lobes cérébraux, ni les tubercules quadrijumeaux, ni la moelle alongée, ni le cervelet n'offraient, sur aucun point, ni la moindre lésion ni la moindre altération sensibles.

TABLE.